WALTHER GERLACH

Humanität – Naturwissenschaft und Technik

Überreicht vom Verlag

Springer Fachmedien Wiesbaden GmbH

ISBN 978-3-663-00662-6 ISBN 978-3-663-02575-7 (eBook)
DOI 10.1007/978-3-663-02575-7

Humanität und naturwissenschaftliche Forschung

Von Prof. Dr. WALTHER GERLACH, München.

Sammlung „Die Wissenschaft", Band 118

Etwa 264 Seiten. Halbleinen DM 19,80

Erscheint Sommer 1962

Inhaltsverzeichnis:

Ein namhafter Wissenschaftler unserer Zeit, Professor *Walther Gerlach*, hat in diesem neuen Buch eine Auswahl seiner wichtigsten Aufsätze und Vorträge zusammengestellt, in denen er zum Problem naturwissenschaftlicher Forschung Stellung nimmt. Sie sind aus dem Geist echter Humanität und aus umfassendem Wissen heraus gestaltet und sprechen jeden von uns durch die Gedankenfülle und die Klarheit der Darstellung an.

Humanität — Naturwissenschaft und Technik

Wo sich's versteckte, wußt er's aufzufinden,
Ernsthaft verhüllt, verkleidet leicht als Spiel;
Im höchsten Sinn der Zukunft zu begründen:
Humanität sei unser ewig Ziel.
O, warum schaut er nicht, in diesen Tagen,
Durch Menschlichkeit geheilt die schwersten Plagen!

„Humanismus ruht nicht dort an antikem Mittelmeerort, sondern ist Ereignis der menschlichen Entwicklung."

Schon als *Herder* dieses schrieb, war ein neues Ereignis in diese Entwicklung getreten, hatte sie entscheidend beeinflußt und in neue Bahnen gelenkt: die exakte Naturwissenschaft.

Ihr Ursprung liegt in den Entdeckungen der Humanisten und ist eine folgerichtige Fortentwicklung der humanistischen Denkweise. Aber sehr bald erschloß sie dem menschlichen Verstand neue Erkenntnisbereiche mit neuen Denkformen. Zu den seelischen Werten des Wahren, Guten, Schönen — wie *Goethe* sagt, als „ehrwürdige und *ewig abgeschiedene* Existenz der vergangenen Zeitalter im stillen *Gemüt zu verehren"* — fügt die Naturwissenschaft die Einsicht in den Kosmos, in die Ordnung der weiten Welt hinzu, die *lebendige Auseinandersetzung des Verstandes* mit den Wundern der äußeren und unserer inneren Natur.

Diese neue Naturwissenschaft greift über die *Technik* in die Bezirke des menschlichen Handelns ein, aber auch in die menschliche Denkweise durch die *Ziel*setzung und die *Wertung* des technischen Handelns, Begriffe, welche dem klassischen Humanismus und der reinen Naturwissenchaft fremd sind. Die Technik als materiell realisierte Naturerkenntnis ermöglicht das Wirken für den Ablauf des Lebens, die Lebenshilfen in der jeweiligen Gegenwart und für die Zukunft, für das Individuum und für die Gesamtheit der Menschen.

Das Zeitlose in der Geisteskultur suchen, für die *Geistesentwicklung* lebendig halten und fruchtbar machen, das ist das Prinzip des *Humanismus;* es ist und muß gleichgültig sein, aus welchen Denkbereichen es stammt — auch die Naturwissenschaft ist „Ereignis der menschlichen Entwicklung", sogar von besonderer Art, da sie grenzenlos fortschreitet.

Die Forderungen eines Nutzens (im weitesten Sinn) der Naturwissenschaft und der Technik *und* ihre Erfüllung bestimmen die *Domäne der Humaniät* — es ist ein pragmatischer Humanismus. „Edel, hilfreich, gut", sind die Forderungen der *Humanität* an den *handelnden* Menschen, sind die Maßstäbe für die Anwendung des Wissens auf den Menschen, für seine *Verwendung* in der Technik. Wissen welcher Art auch immer ist weder gut noch böse; seine Verwendung ist *gut* oder *böse,* die Ethik bestimmt ihren Wert. Humanität enthält auch die Verpflichtung, Wissen und Können der Menschheit uneingeschränkt zur Verfügung zu stellen.

I

Wir wollen mit einem historischen Rückblick auf die Entwicklung zunächst der Naturwissenschaft und dann der Technik beginnen.

Nur indirekt wissen wir von astronomischen Forschungen in sehr alten Kulturen; sie entsprangen wohl metaphysischen, religiösen, aber auch praktischen Bedürfnissen. Denn in mehrfacher Weise werden die Beobachtungen ausgenützt: so für die Zeitrechnung und für die Astrologie: Beide verlangen genaue Messungen der Stellungen und des Laufs der Sterne — vor allem der Planeten; von einer rationalen, gar physikalischen Bearbeitung der Messungen ist nichts bekannt. Anfänge dieser Art gab es in Griechenland. Aber *Plato* lehnt die empirische Forschung ab: weise Astronomen messen nicht den Lauf der Sterne, sondern denken nach über die Harmonie der Sphären.

Die astronomische Meßkunst entwickeln die Araber; *Kopernikus* benutzt deren Ergebnisse um zu zeigen, daß das alte heliozentrische System des *Heraklid* und *Aristarch* (um 300 v. Chr.) die Planetenbewegungen als Kreise, also viel einfacher, als das System des *Ptolemäus* darstellen läßt. Erst *Kepler* begründet in der *Astronomia nova seu physica coelestis* 1608 die Himmelsphysik — die Astrophysik, wie wir heute sagen — durch Einführung des Begriffes der Kraft, welche alle Bewegungen — der Körper auf der Erde wie des Mondes und der Planeten — bewirkt.

Den Grundgedanken einer *allgemeinen* Naturwissenschaft hatten die jonischen Naturphilosophen nach 600 v. Chr., *Thales* und seine Nachfolger aufgestellt. Die Welt ist rational begreifbar; man muß nach ihren Elementen suchen, aus welchen sich alles zusammensetzt — am weitesten gehen *Demokrit* und *Leukipp* mit der Atomvorstellung. Für *Anaxagoras* — nach 500 v. Chr. — ist die Sonne ein glühender Klumpen Erde, nicht der Triumphwagen des Gottes Helios. Es erfolgt der erste Zusammenstoß der rationalen Naturwissenschaft mit den anerkannten religiösen Dogmen — er wird eingesperrt. Aus dieser Zeit ist ein Fragment des *Euripides* erhalten — vielleicht für die Verteidigung des Freidenkers *Anaxagoras* verfaßt, wohl das Schönste, was über Forschung je gesagt — etwas frei übersetzt:

„Glücklich ist, wer Erkenntnis gewann vom erkundbaren Wesen der Dinge.
Denn er trachtet nicht nach dem Leide des Menschen
Noch sinnt er auf unrechte Taten.
Wer überdenkt den nicht alternden Kosmos
Wie er — unsterbliche Natur! — bestehet eh und je,
Erlieget nicht der Versuchung zu schändlichem Handeln."

Ihren Höhepunkt erreicht die griechische Naturwissenschaft in der Naturphilosophie des *Aristoteles.* Im europäischen Westen faßt sie nicht Fuß: die *römischen* Interessen galten Politik und Jurisprudenz — Staats-, Völker-, Verwaltungsrecht —, die Metaphysik des *Christentums* hatte mit der Physik der Erde und des Himmels nichs zu schaffen. Fragen nach der Struktur der sichtbaren Welt lagen der aufs Jenseits gerichteten Geisteskultur fern; für diese ist typisch die noch spät-mittelalterliche Vorstellung, daß die Fixsterne uns eine Ahnung von dem Licht des Paradieses vermitteln sollen, welches durch einige Löcher in der den irdischen Bereich abschließenden Himmelskugel hindurchscheint.

Wir lächeln darüber; aber sind nicht auch für uns die Strahlen der Gestirne Botschaften, die uns tiefste Rätsel der Welt und unseres Daseins verkünden?

Erst im späteren Mittelalter wird auch durch die Araber die alte Naturwissenschaft bekannt, da und dort gepflegt und auch weiter entwickelt. Aber erst nach 1600 — zur gleichen Zeit als *Kepler* die neue Astronomie als Himmelsphysik begründet — entwickelt *Galilei* die Grundprinzipien der neuen irdischen Physik, *der exakten Naturwissenschaft*, die bald weit über die griechischen Kenntnisse hinausgeht, aber auch die Grundsätze der Physik des *Aristoteles* ad absurdum führt.

Galilei und *Kepler* verdankt die Menschheit die *Begründung der autonomen Naturwissenschaft*, die neue Methode zur Erkennung der *Wahrheit in der Natur* — wie beide sagen —, die Erschließung eines neuen Erkenntnisbereiches. Das ist ihre geistesgeschichtliche Bedeutung.

Kepler aber geht weiter: er zeigt die menschliche Bedeutung und die ethischen Werte der Naturforschung auf. Für ihn ist sie nicht ein Gedankenspiel, sie ist — mit seinen Worten — schlechthin Pflicht des Menschen, das Schöpfungswerk nachzudenken, die Schönheit der Ordnung zu bewundern und sein Wissen allen Menschen zugänglich zu machen. Aller menschliche Streit, das Blutvergießen, die Macht- und Glaubenskämpfe sind dagegen nur traurige Abwege, bedauerliche geistige Verirrungen, — „der barmherzige Gott möge sie heilen" sagt er —, nichtig gegenüber geistiger Erkenntnis.

Zeigt sich hierin schon die warme menschliche, die humane Denkweise — seiner Zeit noch sehr fremd! —, so führt eine andere Zweckbestimmung der Naturerforschung direkt in die eingangs definierte Domäne der Humanität: der Naturforscher muß darauf achten und danach suchen, die Erkenntnisse für die Menschheit zu nützen. *Kepler* kann noch nicht das meinen, was wir heute Technik nennen — immerhin hat er durch die Entwicklung einer mathematischen Methode zur Berechnung des Inhalts von Fässern und die Festlegung der Maßeinheiten in dem Ulmer Kessel der Ehrlichkeit im Handel, also dem Verhältnis von Mensch zu Mensch durch Wissenschaft zu nutzen gesucht.

In diesem XVII. Jahrhundert beginnt sich auch aus der neuen Naturwissenschaft die wissenschaftlich geführte Technik zu entwickeln. Das ist wohl kein Zufall. Naturwissenschaft und Technik haben eine gemeinsame Wurzel in dem Streben, die dem Menschen durch seine psychischen und physischen Fähigkeiten gesetzten Schranken zu durchbrechen — erstere im Bereich des Erkennens durch den Verstand, die ratio, letztere durch einen vernunftgelenkten Pragmatismus. Aus der geistigen Beherrschung der Natur sucht der Mensch die materielle Herrschaft über die Natur zu gewinnen.

Technisches Denken ist uns aus den Urzeiten der Menschheit überliefert; es führte zur Herstellung materieller Gegenstände. „τέχνη" bedeutete die Realisierung irgendwelcher Vorstellungen und Überlegungen ebenso zum Guten, zum Nutzen wie zum Bösen, zum Betrug, zum Schaden — genau wie heute „Technik". — Unbezweifelbare Zeugnisse für sehr frühes rationales Denken sind Wagenräder, Arbeitsgeräte, Waffen, Waagen für den Handel, Paläste und Grabmäler, Schmuck und technische Mittel für die menschlichsten Beziehungen von einigen Bevorzugten: Tontäfelchen für Liebesbriefe. Der Begriff der Humanität fehlt aber; alle Hilfsmittel sollen nur dem Individuum, seiner Sicherheit, seinem Lebensgenuß, seiner Macht, seinem Ruhm zu Lebzeiten und nach dem Tode dienen. Es scheint, als ob die Menschheit nie ohne diese Technik gelebt hat und man möchte annehmen, daß auch den ältesten technischen Hilfsmitteln schon abstrakte Überlegungen, zumindest rationale Ausarbeitungen von Beobachtungen, von Erfahrungen zu Grunde liegen: Technische Hilfsmittel wurden für die Errichtung großer Bauwerke benutzt, mehr leistend als Menschenkraft allein. Nur weniges diente der Allgemeinheit: Bewässerungsanlagen sichern den Lebensbedarf und vergrößern den nutzbaren Lebensraum; Abwässeranlagen schützen vor Infektionen, sie sind die ersten hygienischen Maßnahmen als Vorbedingung für größere Siedlungsdichte.

Es sind die gleichen Zwecke, welchen die Technik noch heute dient — aber das humane Motiv, die Schonung des Menschen durch technische Hilfsmittel fehlt. Zwar verehrte man eine *Göttin Automatia*, so eine Art Heinzelmännchen, welche dem Menschen Arbeit abnimmt; doch fürchtete man auch die Zerstörung der sozialen Ordnung durch eine automatische, den Menschendienst überflüssig machende Technik. Der einflußreiche Philosoph und Naturforscher *Aristoteles* schreibt:

„Wenn jedes Instrument auf einen empfangenen oder sogar erratenen Befehl hin arbeiten könnte, wie die Statuen des Dädalus oder der Dreifuß des Vulkan, die sich ganz allein zu den Versammlungen der Götter begeben, wenn die Weberschiffchen allein weben würden, wenn der Bogen selbständig die Zither streichen würde, dann würden die Unternehmer sich der Arbeiter und die Herren sich der Sklaven begeben."

Es möge hier genügen auf die tiefe Umstellung in der menschlichen Denkweise, auf Humanität einst und heute hinzuweisen: immerhin hat die Technik die Sklaverei *unnötig* gemacht. Auf die spezielle Bedeutung der „Automatia" in der heutigen Technik für die Erfüllung ihres humanitären Auftrags kommen wir noch zurück.

Wenn technische Hilfsmittel seit altersher als Arbeits- und Lebenshilfen erdacht und benutzt wurden — was änderte sich dann mit der Entwicklung der Naturwissenschaft, vornehmlich der Physik? Man kann es fast mit einem Satz sagen: die *Vorausberechenbarkeit* des technischen Effekts aus der wissenschaftlichen Erkenntnis. Nur zwei Beispiele aus der ersten Zeit: Mit der Entdeckung des Barometers und der Messung des Luftdrucks wird erkannt, daß man mit einer Saugpumpe Wasser niemals höher als 10 Meter (in einem Arbeitsgang) pumpen kann. – Mit dem Pendelgesetz von *Galilei* baut *Christian Huygens* 1657 die erste Pendeluhr, deren Gang in Abhängigkeit von der Pendellänge – überall gültig! – *berechnet* wird. Nebenbei sei auf den ungeheuren Einfluß der nun leicht-herstellbaren und schnell in großen Massen verbreiteten Uhren für die Ordnung des täglichen Lebens hingewiesen. Und auch die Rückwirkung der Technik auf die wissenschaftliche Forschung – hier durch die jetzt mögliche genaue und überall durch das *Pendelgesetz* vergleichbare Zeitmessung – bahnt sich an; sie wird bis heute immer entscheidender. Wir werden bei der Raketenforschung noch ein Beispiel aus der Gegenwart kennen lernen.

II

Ich kann heute nicht zeigen, wie die Entdeckungen der Naturwissenschaft, z. B. der Chemie, der Physik, der Biologie, vor allem auch der neu erschlossenen, durch unsere Sinne nicht unmittelbar wahrnehmbaren Bereiche der Natur zu einer technischen Nutzung führten. Nur eine Episode dieser Entwicklung sei wegen ihrer außerordentlichen Tragweite erwähnt:

Für die Entwicklung der Technik – natürlich auch für die Naturerkenntnis – war wohl der entscheidende Schritt die *Entdeckung des Gesetzes der Erhaltung der Energie.* Es wird erstmals 1842 von *Robert Mayer* in seiner allgemeinsten Form ausgesprochen und mit einem physikalischen Beispiel, der Energieerhaltung bei der Umwandlung von Bewegungsenergie in Wärmeenergie quantitativ bewiesen. Der Energiesatz sagt aus, daß kein Vorgang in der Natur ablaufen kann, wenn nicht die für ihn notwendige Energie aus einem anderen Vorgang entnommen wird. Er sagt weiter, daß keine Energie verloren geht, daß der Energiegehalt der Welt konstant bleibt. Was uns an Energieformen z. B. im täglichen Leben entgegentritt: Licht, Wärme, Schall, Bewegung, was wir im Laboratorium oder technisch realisieren können, etwa elektrische Energie – alles ist in festen quantitativen Verhältnissen miteinander verknüpft. Die Aufgabe der Technik kann schlechthin so charakterisiert werden: natürliche Energieformen in andere, in solche Energieformen umzuwandeln, welche einen bestimmten technischen Nutzen am besten erreichen lassen und die Ausbeute dieser speziellen Energieumformung möglichst groß zu machen.

Damit sind wir schon mitten in dem Problem, *Energie,* die Lebensgrundlage in allgemeinster Bedeutung, speziell das Grunderfordernis aller technischen Maschinen, in genügendem Maß, in beliebiger Verbreitung und Verteilung, zu fast beliebigen Zwecken zur Verfügung zu stellen.

Die Erfüllung dieser Aufgabe beginnt kurz vor 1800, als *James Watt* die Konstruktion der ersten brauchbaren Dampfmaschine gelang. Mit ihr greift sehr plötzlich die Technik in das Leben der Menschheit ein, in wenigen Jahrzehnten vollzogen sich die tiefgreifenden Umänderungen im Leben des Einzelnen und der Gesamtheit, die größte, vor allem schnellste soziale Umgestaltung, welche die Menschheit je erlebt hat; mit Recht spricht man von der technischen Revolution. Sie ist bis heute nicht zum Stillstand gekommen. Ihre tiefste Folge ist die Entwicklung neuer Prinzipien der Humanität, nicht *als Idee*, als ideelle Ziele, sondern als mit *materiellen Mitteln realisierbare* Verbesserungen der Lebensbedingungen, als *Erweiterungen* der Lebensmöglichkeiten und *damit auch* einer Verbreitung *gesteigerter geistiger Kultur.* Jetzt waren auch die Bedingungen gegeben, welche zu der neuen ethisch-humanitären Richtung führten: die Pflicht, alle nur denkbaren Möglichkeiten zu suchen, auszunutzen und der ganzen Menschheit zugänglich zu machen, wird ein integrierender Gedanke der Humanität.

Die ersten Folgen dieser neuen Technik waren die Änderung der Verkehrsgeschwindigkeit und der Beginn der Industrialisierung. Die Verkehrsgeschwindigkeiten, seit Urzeiten durch die Schnelligkeit des Pferdes begrenzt, wird plötzlich größer; vor allem wird die Seefahrt und damit der Verkehr und Handel mit fernen Ländern durch das Dampfschiff zunehmend unabhängiger vom Wind, schneller und sicherer. Weite Reisen werden einfacher, die Erlebnisbreite, der Erfahrungsbereich nehmen zu.

Die Menschen der Erde beginnen sich näher zu rücken, die Kenntnisse voneinander geben dem Mensch-Bewußtsein neue Inhalte; allerdings sollte es noch sehr lange dauern, bis die Prinzipien der Humanität auch auf andersartige Völker Anwendung fanden. Neben der geistigen Befruchtung des Abendlandes durch das Kennenlernen und die Erforschung anderer, gar viel älterer Kulturen zogen zunächst aber vor allem Handel und Politik Vorteile aus diesen neuen technischen Möglichkeiten.

Mit der *Industrialisierung* durch die mechanisch arbeitende Maschine greift die Technik *in den Lebenslauf des einzelnen Menschen.* Die Arbeiter wehren sich gegen die Arbeitszeitverkürzung, gegen die Einschränkung der Heimarbeit, die Unternehmer betrachten sie nur als Hilfe für ihre eigenen Interessen, die Politiker als neues Machtmittel — es dauert lange, bis die Gesichtspunkte der Humanität sich durchsetzen: So der Grundsatz, daß das Maschinenwesen das Leben der Arbeiter erleichtert, ein menschenwürdiges Leben bringen kann und deshalb so geführt werden muß, daß es dieses erreicht, — so die Einsicht, daß die schnelleren und billigeren Fabrikationsmethoden nicht dem Unternehmer, sondern möglichst vielen Menschen Vorteile bringen sollen, daß sie dieses *können* und deshalb mit diesem Ziel entwickelt werden *müssen.*

Aus dem letzten Jahrhundert seien die drei Beispiele genannt, welche *in dem Zusammenwirken* von Naturforschung und Technik meines Erachtens *den größten Einfluß* auf die Förderung der Humanität hatten.

1. Kurz nach 1800 beginnt unter Verwendung des gerade entdeckten elektrischen Stromes die elektrische Nachrichtentechnik; jeder Fortschritt in der Physik der Elektrizität wird zu einem Fortschritt in der Nachrichtenübermittlung durch Draht ausgebaut, zunächst als Telegraphie durch chiffrierte Stromstöße, dann (vor gerade 100 Jahren hat *Philipp Reis* in Frankfurt den

ersten Erfolg gebracht) — als Telephonie. Und als die Theorie der Elektrizität und des Magnetismus in der *Maxwell*schen Theorie ihren klassischen Höhepunkt erreichte und als *Heinrich Hertz* 1888 zur Bestätigung dieser Theorie der experimentelle Nachweis elektrischer Wellen, welche sich mit Lichtgeschwindigkeit im leeren Raum fortpflanzen, gelang, führt 12 Jahre später *Marconi* mit der ersten technischen Gestaltung einer Sende- und einer Empfangsstation die drahtlose Nachrichtenübermittlung über See durch; wenige Jahre später wird die Verstärkerröhre, bald darauf die Senderöhre unter Verwendung der zweiten Phase der Erforschung der Elektrizität, der Elektronentheorie, erfunden. Damit sind die Grundlagen für den heutigen technischen Stand aller drahtlosen Nachrichtenübermittlungen einschließlich Fernsehen gegeben.

Die menschliche Bedeutung der schnellen Nachrichtenübermittlung ist wohl noch größer als die der großen Verkehrsgeschwindigkeit — abgesehen davon, daß die Steigerung der letzteren, erst recht des Luftverkehrs *ohne* die vielfältigen Ausnutzungen der drahtlosen Nachrichtenübermittlung (Funkpeilung, Blindlandung, Radar) nicht möglich ist. Heute sind praktisch alle Menschen in aller Welt miteinander verbunden, Freud und Leid des Einzelnen, wie der Völker, alle Erlebnisse werden zeitlich gemeinsam empfunden. Ein gut Teil der Formen der Wirtschaft und der Politik hat sich als Folge des schnellen Nachrichtendienstes und *auch* der Kleinheit der Geräte entwickelt — ich brauche nur daran zu erinnern, daß im Jahre 1814 die Nachrichten über die Einnahme von Paris erst nach 9 Tagen nach Berlin gelangten, während heute politische Entscheidungen gar schon ehe sie gefallen, in aller Welt bekannt sind! Aber man darf auch nicht die unschätzbare Hilfe vergessen, welche bei Katastrophen aller Art durch schnelle Nachrichtenübermittlung, durch allgemeine Warnungen und dgl. geleistet werden kann.

2. In den 60er Jahren war die Erforschung der elektrischen Erscheinungen soweit fortgeschritten, daß — vor allem mit Hilfe des Gesetzes der Erhaltung der Energie — die *elektrische Energietechnik* beginnen konnte.

Sie hat die ungeheure Steigerung alles dessen möglich gemacht, was die Dampfmaschine einleitete. *Siemens* und *Edison* haben das zuerst erkannt und realisiert. Elektrische Energie ist die am leichtesten und ökonomischsten aus den Energievorräten der Erde — Wasser, Kohle, Öl — herstellbare Energieform, sie ist am universellsten *verwendbar*, auch einfach und ökonomisch in die für unser Leben besonders nützlichen Energien der Bewegung, der Wärme, des Lichts *umformbar* und am sichersten *zügelbar*; vor allem aber ist sie mit geringsten Verlusten über große Entfernungen von der Erzeugungs- bis zur Verbrauchsstelle *fortleitbar*.

Die Humanität hat sie am meisten gefördert; nichts hat wohl die Lebensform, die Lebensgewohnheiten, die Lebensbedürfnisse und die Ansprüche an Bequemlichkeit und Mühelosigkeit stärker geformt und gesteigert als die überall und in beliebiger Menge und Form zur Verfügung stehende elektrische Energie. Sie ist die conditio sine qua non der Technisierung des gesamten Lebens und der Massenfabrikation, über die wir noch sprechen werden. Weniger allgemein bekannt ist, daß sich erst mit viel elektrischer Energie die *Leichtmetalltechnik* entwickeln konnte. Aluminium war 1827 von *Wöhler* entdeckt, 1857 von *Bunsen* mittels der Elektrolyse geschmolzener Salze rein hergestellt worden. Damals ließ Napoleon III. eine Münze aus Aluminium prägen, das viel wertvoller war als Gold; 1888 hatte man die ersten elektrischen Energiegroßanlagen und nun beginnt seine technische Herstellung, es gewinnt durch seine besondere Eignung für Massenfabrikation die große Bedeutung, ich brauche nur Haushalt und Flugzeugbau zu nennen.

3. Unser drittes Beispiel sei aus *der Kleintechnik, der Präzisionstechnik* genommen: die Entwicklung und die Bedeutung des Mikroskops. Das Mikroskop ist wohl älter als das Fernrohr; aber nicht Probieren, sondern erst eine hohe Vervollkommnung der um 1800 beginnenden *Theorie* des Lichtes führte in den 70er Jahren zur Herstellung stark vergrößernder, hochauflösender und verzeichnungsfreier Mikroskope. Jetzt erst zeigt es seine große Leistungsfähigkeit auf den Gebieten der *Biologie*, der theoretischen und praktischen *Medizin*; es genügt hier, an die Entdeckung von Krankheitserregern im Jahre 1880, an die Feststellung von Krankheitsindizien zu erinnern, welche das Mikroskop zum täglichen Hilfsmittel des Arztes machen. Die ganze ärztliche Humanität, das Helfenkönnen und die Pflicht, die von der Technik gegebenen Mittel zu benutzen in der Verhinderung von Infektionen, in der Bekämpfung von Seuchen, in der hygienischen Sanierung von Städten oder fremden Ländern, aber auch in der Bekämpfung von Pflanzenkrankheiten und Schädlingen, welche Nahrungsmittel verderben oder vernichten — alles ist die Folge der immer verbesserten technischen Optik, aber auch der allgemeinen Technik als Grundlage ihrer Massenfabrikation.

Wir müssen diese humanitären Folgen aber auch in Verbindung mit einer humanitären *Bedingung*, einer *Forderung* betrachten, welche hier besonders augenfällig, aber allem technischen Nutzen eigen ist.

Es genügt nicht, daß zur Verbesserung der Volksgesundheit alle biologischen, medizinischen, chemischen Kenntnisse zur Verfügung stehen: ihre Aufrechterhaltung verlangt das hygienische Verhalten der Menschen, eine weitgehende, von uns — durch Gewöhnung oder Einsicht — kaum noch empfundene Beschränkung der Freiheit, für andere Völker aber eine fremdartige, gar dem Kult widersprechende Änderung der Lebensgewohnheiten.

Mutatis mutandis gilt das allgemein, meist zur Vermeidung der mit jeder Technik verbundenen Gefahren. Es ist vielen gar nicht mehr bewußt, wie stark *dieser Zwang den Ablauf des täglichen Lebens beherrscht*, noch weniger, welche komplizierten, scharfsinnig ausgedachten Schutzmaßnahmen in den meist überlegungslos benutzten technischen Hilfsmitteln stecken. Man sollte das überlegen, wenn neue Vorschriften die Bequemlichkeit stören, auch wenn einschneidende Maßnahmen etwa zum Schutz der Reinheit von Luft und Wasser ergriffen werden müssen und hoffentlich bald ergriffen werden. Die humanitäre Forderung, daß der einzelne Rücksicht auf die Gesamtheit, die Gesamtheit Rücksicht auf den einzelnen nimmt, wird zur Bedingung für das technisierte Leben — sie sollte auch sonst Richtlinie sein —.

Wir wollen diesen drei Beispielen für die große unmittelbare Förderung der Humanität durch technische Nutzung naturwissenschaftlicher Entdeckungen im XIX. Jahrhundert noch ein Beispiel unserer Zeit hinzufügen. 1895 fand *Wilhelm Conrad Röntgen* eine neuartige Strahlung. Diese Entdeckung ist der Ausgangspunkt für die gesamte moderne Physik. Die Humanität hat sie in ganz besonderer Weise gefördert; sie gab der Menschheit unschätzbare Hilfen auf zwei extrem weit voneinander entfernt liegenden Gebieten: der Medizin und der Materialprüfung. Sehr bittere Erfahrungen haben zudem zu einer klaren humanitären Forderung an alle Naturforschung und Technik geführt.

Schon unmittelbar nach der Entdeckung zeigte sich der medizinische Wert der Röntgendurchleuchtung für die Milderung von Leiden, für die Erkennung innerer Schäden des Körpers als Vorbedingung für Heilung oder Hilfe — aber nicht nur für den Einzelnen. Es genügt wohl eine kurze Erinnerung etwa daran, welchen Anteil die einfache und sichere Feststellung von *Tuberkulose* bei der weitgehenden Eindämmung dieser Seuche hatte. Auch die Strahlentherapie, das heißt die Wirkung der Röntgenstrahlung auf chemische und physikalisch-chemische Prozesse im lebenden Organismus als eigenes Heilverfahren oder als Hilfe oder Ergänzung da, wo etwa die Grenze der Chirurgie liegt, sei nur erwähnt.

Die Röntgendurchleuchtung von Werkstücken, kleinen und großen Konstruktionsteilen von Maschinen ist heute die selbstverständliche Prüfung auf einen Materialfehler; sie gibt die höchstmögliche Sicherheit, ohne welche man die großen mechanischen Materialbeanspruchungen niemals riskieren könnte.

Viele dieser großen Vorteile waren schon erkannt, als die ersten schlimmen Erfahrungen gemacht wurden: die Röntgenverbrennung der mit den Strahlen arbeitenden und der bestrahlten Menschen mit ihren grauenhaften Folgen. Damals erschien ein Artikel mit dem Verlangen, alle Röntgenröhren in das Meer zu versenken.

Man hat es nicht getan — man studierte die Gefahren, und lernte sie weitgehend beherrschen; heute kann man den menschlichen Nutzen bei jeder Anwendung von Strahlen gegen die immer vorhandene Möglichkeit einer Schädigung abwägen.

Aber man hat viel mehr gelernt: daß es überhaupt unverantwortlich ist, den Menschen irgendwelchen Agentien auszusetzen, ehe ihre Wirkung auf seinen Organismus so weit als möglich geklärt ist. Das kann unter Umständen sehr schwierig sein, weil nun ein Humanitätsprinzip der Forschung in den Vordergrund tritt: Die Unverletzbarkeit, die Unantastbarkeit des menschlichen Lebens. Es setzt die Grenze für jegliche Forschung und Technik.

III

Lassen Sie uns nun unter diesen Gesichtspunkten des Wirkens und des Wertes von Naturwissenschaft und Technik für die Humanität „Ereignisse" unserer Zeit auf diesen Gebieten betrachten.

Zwei Beispiele betreffen *Folgerungen* aus der bisherigen Entwicklung; zwei weitere Beispiele sollen zeigen, daß der erreichte Stand der Humanität besondere Forderungen bei der Entwicklung neuer Gebiete von Naturwissenschaft und Technik stellt.

Wir haben mehrfach auf die Massenfabrikation als Notwendigkeit zur Erfüllung humanitärer Forderungen hingewiesen. Sie gehört zu einem viel diskutierten Problem – oft in der abschätzigen Form der „Vermassung" zitiert. Man sollte nicht über sie jammern, sondern wieder einmal Vorurteile aufgeben, die gegebenen Hilfsmittel so entwickeln und anwenden, daß das Problem die Lösung findet, welche den gesteigerten Ansprüchen an eine weltweite Humanität und ihrer Realisierbarkeit entspricht. Man möge nicht vergessen, daß der mit Recht hochgepriesene *Johann Gensfleisch* nicht „das Drucken" erfand, sondern die Metallegierung zum Gießen der Lettern, so daß deren *Massenherstellung* möglich war.

Daß die Zahl der Menschen stark zunimmt, ist Folge der naturwissenschaftlichen Erkenntnisse und ihrer Nutzung, also der *Humanität*. Beide haben aber auch die Mittel geliefert, einer stark und schnell zunehmenden Zahl von Menschen die erforderlichen Lebenshilfen zur Verfügung zu stellen, diese sogar gleichzeitig zu verbessern und noch zu steigern. Schon heute besitzt die Naturwissenschaft sichere Kenntnisse, durch Züchtungen und andere Maßnahmen eine große Vermehrung der Nahrungsmittel auf der ganzen Erde zu erreichen; und es wäre heute schon vieles möglich, wenn nicht allzumenschliche – man sagt wirtschaftliche und politische – Gesichtspunkte es verhinderten: materieller Hunger und Seuchen brauchten keine Sorge mehr zu sein! Es sei aber hier auch erwähnt, daß für gesteigerte *geistige* Bedürfnisse die notwendigen *technischen* Hilfsmittel *für die Zukunft* bereitstehen, so wie die heutige Geisteskultur nur mit den Hilfen der Technik erreichbar war.

Das Mittel der Technik, welches alle Bedingungen für die *Massenfabrikation* zu erfüllen erlaubt, ist die Automatisierung und Automation. Sie sind allein in der Lage, die „technischen" Güter, – Maschinen, Apparate, Geräte und Hilfsmittel – aber auch Nahrungsmittel und nicht zuletzt die hygienischen und medizinischen Hilfen, Heilungs- und Operationsverfahren und die chemischen Heilmittel zu liefern, ausreichend in Menge und mit der Sicherheit für gleichmäßige Güte.

Technisch betrachtet besteht diese Fabrikationsmethode in der weitestgehenden Ausschaltung des Menschen aus dem materiellen Gang des Herstellungsprozesses. Die erforderlichen Kräfte und die großen Geschwindigkeiten, ihre schnelle und sichere Regelung, die zeitliche und örtliche Präzision der einzelnen Fabrikationsgänge übersteigen die menschlichen

Fähigkeiten. Die automatisierte Massenfabrikation wird von der *Humanität* verlangt; sie erfüllt und erweitert ihre Forderungen und Möglichkeiten.

Die neuartigen Fabrikationsmethoden, oft verbunden mit neuen Formen der Warenverteilung, verlangen menschlich-persönliche Opfer: eine andere Einstellung zur Arbeit, Einschränkungen in der Freiheit der individuellen Ansprüche oder der Gestaltung des eigenen Lebens. Denn eine notwendige Folge der Massenfabrikation, der allgemeinen Technisierung ist die *Uniformierung der technischen Produkte*, also die Einschränkung der Freiheit der Auswahl und damit eine unvermeidlich zunehmende Uniformierung des Lebens. Dieses verlangt einfach die Steigerung der effektiven Humanität. Diese Opfer müssen nach dem übergeordneten humanitären Grundsatz gebracht werden, für eine immer größere Zahl von Menschen das Wissen und Können von Naturwissenschaft und Technik nutzbar zu machen.

Diese Voraussetzungen der allgemeinen Humanisierung berühren eng ein anderes menschliches Problem unserer Zeit: die Entwicklungshilfe für Völker, deren Kultur aus anderen Wurzeln als die abendländische Kultur entstand.

Der alte Gedanke der Kolonisierungsmächte war, begehrte Rohstoffe und Nahrungsmittel ferner Länder — ungenutzt, weil diese nicht aus eigener Initiative eine wissenschaftlich-technische Entwicklung wie die des Abendlandes durchgeführt hatten — für nationale Zwecke nutzbar zu machen; die Eingliederung dieser Länder in den humanitären Entwicklungsprozeß des Abendlandes unterblieb, die Missionsbestrebungen blieben ohne allgemeine Folgen.

Vergrößerter technischer Bedarf und technische Möglichkeiten führten zur Errichtung von Produktionsstätten in diesen Ländern, deren Leistung und Fortführung aber nur mit einer allgemeinen Technisierung effektiv werden können, *mit allen deren Forderungen an Vorbildung, Ausbildung, Hygiene,* an die *Einsicht* der Menschen in die Notwendigkeit einer neuartigen Lebensgestaltung, an die *geistige Bereitschaft,* altgewohnte Lebensformen den neuen Forderungen unterzuordnen. Ein bei uns seit einigen Jahrhunderten ablaufender, engstens mit *unserer* geistigen Entwicklung verbundener Prozeß, dessen Schwierigkeiten uns heute noch tägliche Sorgen machen, soll hier übersprungen werden — die Menschen dieser Länder werden plötzlich mit der Endstufe einer langen, ihnen schon in ihren Wurzeln fremdartigen Kulturentwicklung konfrontriert, denen *unser* heutiger Humanitätsbegriff vielfach fehlt. *Diesem* aber soll die Entwicklungshilfe in erster Linie dienen — *hier* wird er sogar *Vor*bedingung für die technische Entwickelbarkeit des Landes. Statt dessen führt man die inhumanste Verwendung der neuesten Erkenntnisse auch noch in ihren Ländern vor!

Es mag sonderbar erscheinen, wenn ein Physiker von solchen Problemen spricht, aber jeder Forscher soll doch — mit einem Wort von *Helmholtz* — sich über die Stellung und Folgen seiner Arbeit zu den großen Problemen der Menschheit Rechenschaft geben.

Diese Forderung gilt noch drängender für die zwei anderen Beispiele der gegenwärtigen technischen Entwicklung, bei welchen das Prinzip der Humanität die einzige Richtlinie sein kann: *Raketen und Atomkernenergie.*

Naturwissenschaftlich betrachtet sind Raketen und künstliche Satelliten technische Hilfsmittel, um Zustand und Vorgänge in sehr hohen Schichten unserer Atmosphäre und darüber hinaus im interplanetarischen Raum zu erforschen, also den Erkenntnisraum zu erweitern.

Bessere und neue Kenntnisse über die höchste Atmosphäre — sagen wir in 100 bis einige 1000 Kilometer Höhe — sind aber auch erforderlich, um die Physik unserer Erde besser zu verstehen; hierzu gehören physikalische und chemische Vorgänge, welche durch die ultraviolette und die Röntgen-Strahlung der Sonne bei ihrer Absorption in der Atmosphäre erzeugt werden oder durch die kosmische Höhenstrahlung, aber auch die Änderungen, welche diese selbst beim Eintritt in tiefere Luftschichten erleidet. Aus elektrischen Vorgängen in ihnen hofft man Erkenntnisse zur Lösung eines alten Rätsels zu erlangen: die Herkunft des erdmagnetischen Feldes und seiner Veränderungen. Auch haben die Bahnen künstlicher Satelliten die noch weitgehend unbekannte Massenverteilung in unserer Erde zu ermitteln gelehrt.

Ferner geben Untersuchungen über die Sonnenstrahlung aus sehr großen Höhen grundlegend neue Erkenntnisse über Sonne und Sterne, weil man diese bisher nur durch die für breite Wellenbereiche — so für das äußerste Ultraviolett und die Röntgenstrahlen — *völlig undurchsichtige Atmosphäre* beobachten konnte. Schon jetzt hat diese Erweiterung der astronomischen Methodik Fakten von noch nicht abschätzbarer Bedeutung gebracht.

Die von *Mond- oder Planetenraumraketen* zu erhaltenden Informationen betreffen die Physik dieser Körper unseres Sonnensystems, ebenso wichtig als Erkenntnisse *an sich* wie zur Bearbeitung von irdischen Problemen; hier liegt der Grund für den Wunsch, etwas über die Magnetfelder des Mondes zu erfahren.

Ich bin ein wenig näher auf diese Frage eingegangen, um zu zeigen, daß diese neue Richtung der Naturwissenschaft, die sogenannte *extraterrestrische* Forschung, eine — *weil jetzt möglich gewordene* — schlechthin selbstverständliche Fortsetzung der 1610 mit dem Fernrohr begonnenen astrophysikalischen Forschung ist. Auch für Rakete und Satellit, für jedes neue Bereiche der Welt unserer Erkenntnis erschließende Instrument gilt *Keplers* Gruß an das Fernrohr: „... köstlicher als ein Szepter! Wer Dich in seiner Rechten hält, ist der nicht zum König, nicht zum Herrn über die Werke Gottes gesetzt!"

Daß diese weit über Fernrohrbeobachtungen hinausgehende Erforschung des Planetenraumes möglich ist, beruht nicht allein auf der technischen Raketenentwicklung, sondern ebenso auf der zu hoher Vollkommenheit gebrachten, *für die Laboratoriumsforschung* entwickelten und in der Massenfabrikation verwendeten *automatischen Meßtechnik.*

Große Fortschritte der Physik beruhen darauf, daß es gelang Meßanordnungen zu schaffen, welche ganz spezifisch auf einzelne Vorgänge ansprechen und meist quantitative Angaben über diese liefern. *Mit jeder Versuchsanordnung stellt der Mensch eine Frage an die Natur.* Es hat sich nun gezeigt, daß die Klarheit der Frage und die Eindeutigkeit der Antwort von einer so großen Zahl von Bestimmungsstücken abhängig ist und zudem oft so kurzzeitige Feststellungen verlangt, daß der Mensch zu ihrer Einstellung, Kontrolle oder Aufnahme gar nicht fähig ist — wenn die in der Rakete oder in der absinkenden Meßkapsel oder die im Satelliten herrschenden Bedingungen eine konzentrierte geistige Leistung überhaupt erlauben werden. Aber schon im Laboratorium verzichtet man mehr und mehr auf die *mit dem beobachtenden* Menschen verbundene Unsicherheit und macht mit sehr viel Geistesarbeit und Kosten die Apparaturen soweit möglich selbstkontrollierend, selbstregelnd und selbstregistrierend.

Es ist also aus *wissenschaftlichen Gründen unnötig,* daß sich ein Beobachter in Rakete oder Satellit befindet — er könnte nur etwas verderben, niemals eine entscheidende Hilfe bringen. Es gibt keinen rationalen Grund, welcher das Risiko eines Mißlingens, die Opferung von Menschenleben in Kauf zu nehmen gestattet. Eine andere Begründung von Raketen und Satelliten, denn als wissenschaftliches Forschungsmittel zu dienen gibt es aber *im humanen Sinn überhaupt* nicht — für ephemeres politisches Prestige, d. h. auf Deutsch Blendwerk, sollte geistige Leistung schon zu schade sein, vor allem aber nicht auch noch in inhumaner Weise ausgebeutet werden. Wir stellen schon bei vielen für die Humanität entscheidenden Versuchen die Frage, wie weit Versuchstiere benutzt, gar geopfert werden dürfen. Ist es nicht ein Versagen der menschlichen Vernunft, ein Versagen des Gefühls für Menschenwürde und Humanität, wenn man Bilder und Lebensbeschreibungen der Männer veröffentlicht, welche für die Raumfahrt trainiert werden? Sagt uns nicht alles, was man dazu liest, daß eben der Mensch einen hierfür ungeeigneten Organismus hat, wenn er mit unmenschlichen Vorbereitungen zu einem hilflosen Versuchsobjekt gemacht werden muß?

Ich las neulich den Satz: Der Mensch wird in den Weltraum fahren, *weil sich diese Idee* im Menschen festgesetzt hat. Dann — muß man antworten — braucht man es ja auch nicht so gewaltsam zu beschleunigen, vor allem wenn aber auch gar keine weder in dem Erkenntnisdrang noch gar in der Humanität begründete Notwendigkeit vorliegt. Ein Satz, wie der zitierte, ist außerdem gar gefährlich: man wird erinnert an die Denkweise eines amerikanischen Militärs bei einer Diskussion 1945, ob man den Einsatz der fast fertigen Atombombe noch verhindern könne: „Wenn wir so eine Waffe haben, dann werden wir sie auch einsetzen." Auch hier fiel die Entscheidung ohne Notwendigkeit, ohne Vernunft, ohne Humanität.

Sie entsinnen sich vielleicht, daß im letzten Jahre als Bedeutung des „Echo" genannten Satelliten angeführt wurde, als Reflektor für weiträumige Nachrichtenübermittlung zu dienen; der Wunsch mag berechtigt sein. Es folgte aber dann der Vorschlag, in sehr große Höhen einen *Schwarm* von vielen, vielen kleinen Dipolen — so wie die kleinen Fernsehantennen — zu entsenden, welche sehr lange Zeit die Erde umkreisen und so als Relaisstationen für Nachrichtenübermittlung wirken sollen. Das ist technisch möglich — aber man sollte sich vorher darüber klar sein, daß man dann eine auf keine Weise mehr zu beseitigende Veränderung in unserer Welt vornimmt — ohne zu wissen, welchen Schaden sie bringen, welchen anderen vielleicht viel größeren Nutzen — und sei es nur eine neue Erkenntnis — sie zukünftig verhindern kann. Zu den Forderungen der Humanität gehört es aber, *nicht nur* an die *gegenwärtige*, sondern *auch an die zukünftige* Menschheit zu denken.

Bei den vielen, leider *sooft die Grundsätze der Humanität* vergessenden *Phantasien* über die *Raumfahrt* tritt der Gedanke auf, daß es möglich sei, mit Lebewesen aus anderen Welten konfrontiert zu werden. Überlegen sich die, welche auf großaufgezogenen Raumfahrtkongressen behaupten, fliegenden Untertassen schon begegnet zu sein, was solches menschlich bedeuten würde? Ja allein, was es für die abendländische Weltanschauung, für die Religionen bedeuten würde, wenn *nur ein* lebendes Wesen — und sei es nur eine Bakterie — aus dem Planetenraum zur Erde gebracht würde?

Es gibt manche solche Fälle, in denen man sich nicht vorher überlegt, in welche geistige Lage die Menschheit bei ihrem Eintreten kommen würde. Biologie und Medizin bemühen sich seit langem, den Ablauf von Denkvorgängen objektiv mit physikalischen Geräten von außen festzustellen, aus den Angaben der Geräte gewissermaßen die Gedanken zu lesen — so wie ein gesprochenes Wort in elektrische Wellen und diese wieder in gesprochenes Wort umgesetzt werden. Was würde es für die menschliche Gesellschaft bedeuten, wenn es plötzlich gelänge? Ist sie auch irgendwie schon mit dem Problem des Lügendetektors fertig geworden?! Muß man bei solchen Forschungen nicht auch damit rechnen, etwas über eine Denktätigkeit der Tiere zu erfahren?

Als in der zweiten Hälfte des XVII. Jahrhunderts noch immer versucht wurde, mit dogmatischen Argumenten der Ausbreitung der autonomen Naturwissenschaft Einhalt zu gebieten, überlegte der große Gelehrte des französischen Späthumanismus *Pierre Gassend* die Folgen der gerade beginnenden embryologischen Forschungen: Hier sei — im Gegensatz zur Astronomie — durch heilige Schriften nichts festgelegt, hier könne sich die Forschung frei entwickeln. Es sei aber doch wohl angebracht, vorher zu überlegen, ob sich nicht Schwierigkeiten wegen des Dogmas der Erschaffung der Seele ergeben könnten — deshalb sollte man vorsichtig *alle* Erkenntnis nur als Hypothesen bezeichnen.

Hier hat man — wenn auch aus für uns indiskutablen Motiven, aber immerhin im Geiste des damaligen Erkenntnisbereichs — *vorweg* an die *menschlichen* Folgen möglicher Entdeckungen gedacht — auch eine Humanität, die uns heute fehlt, bitter fehlt!

Wiederum anders liegt das vierte Beispiel, das Problem „Atomkernenergie". Im engeren Sinn gehört es zu den gelösten Problemen der Physik. Die geistesgeschichtliche, die *humanistische* Bedeutung ihrer Entdeckung als eines der bedeutendsten „Ereignisse der menschlichen Entwicklung" — mit *Herders* Formulierung — ist unbestreitbar. Wie steht sie zur *Humanität*?

In der *Physik* ist die Entdeckung der Atomkernenergie zunächst die Endstufe des durch die Entdeckung der Radioaktivität aufgeworfenen *Problems des Baus unserer Materie,* deren Gleichheit mit der in aller Welt wir mit guten Gründen annehmen dürfen. Die Ergebnisse sind zugleich als *Ausgangspunkte* für neuartige Fragestellungen erkannt; Probleme wie die Entstehung der Materie aus Elementarteilchen, ja das Wesen dieser werden zugänglich. Die Umwandlung von Materie in Energie hat uns das Geheimnis der *Sonnenenergie,* des Urphänomens unserer Existenz enthüllt. Als Teil der allgemeinen Umwandlung von Materie in Strahlung und wieder zurück in Materie im Weltenraum stellt sie gewissermaßen den *Menschen in das kosmische Geschehen,* so wie ihm einst das *Kopernikanisch-Kepler*sche System einen neuartigen Platz im Sonnensystem gab. Sie gibt dem Menschen den ersten Zugang zur rationalen Betrachtung *der Welt als Ganzes* ihres Werdens und Vergehens und wieder Werdens durch ein Gesetz, welches dem klassischen Gesetz der Erhaltung der Energie für die irdische Physik, aber auch für die Biologie und für die gesamte Technik entspricht, aber — all dieses mitumfassend und vertiefend — universeller ist.

Der menschliche Nutzen, die Bedeutung der Atomkernenergie für die *Humanität* mag verglichen werden mit der Bedeutung des Feuers für die menschliche Entwicklung, aber sie ist hiermit lange nicht erschöpfend gekennzeichnet. *Das Feuer,* welches Prometheus den Göttern stahl und den Menschen schenkte, damit sie einen Teil ihres Geschickes in die Hand bekamen, selbst lenken konnten, ist — physikalisch gesprochen — Energie in nutzbarer Form.

Sie kennen die alte Sage: die Menschen mißbrauchten das Feuer, sie zeigten sich des Geschenks nicht würdig ... Gilt das nicht auch heute für die, welche die Atomkernenergie schon mißbrauchten und für die, welche die Möglichkeit ihres Mißbrauchs vorbereiten?

Aber es ist schlimmer!

Immerhin hat die Menschheit mit *dem Feuer die Humanität entwickelt* und weithin über die Erde ausgebreitet; und aller Schaden durch Mißbrauch konnte ihr Fortschreiten nicht unterbrechen, ja manchmal — wie der Geist, der das Böse will und doch das Gute schafft — sogar fördern, durch Gedanken und durch Taten. Aber auf diesen Geist ist kein Verlaß! — *Mit dem Mißbrauch* der Atomkernenergie ist die Fortexistenz der Menschheit, *ohne Ausnutzung* der Atomkernenergie ist die Fortdauer der Humanität in Frage gestellt.

Die Bedeutung der Entdeckung der technischen Nutzbarkeit der Atomkernenergie für die *Humanität* geht weit über die anderer naturwissenschaftlicher Entdeckungen hinaus. Sie läßt zwar nicht neue humanitäre Ideen entstehen und erfüllen — wie einst die allgemeine Verwendbarkeit der elektrischen Energie —: *sie wird in Zukunft die Voraussetzung dafür liefern müssen,* daß die mühsam errungene Humanität überhaupt aufrecht erhalten werden kann. Denn — wir haben es gezeigt — diese ist letzten Endes einzig und allein die Folge davon, daß der Mensch es lernte, mit den Prinzipien der neuen exakten Naturwissenschaft den Begriff der Energie zu fassen und aus den in der Erde liegenden Energiespeichern technisch nutzbare Energieformen zu machen. Die Speicher — Kohle und Öl — erschöpfen sich aber viel schneller als die Sonnenenergie sie wieder auffüllen kann, die Zahl der Menschen und ihr Energiebedarf aber steigen an.

Man kann sich keine andere Energiequelle für die Zukunft denken, als die Atomkernenergie — in der einen oder anderen Weise aus der irdischen Materie der Erde entnommen. Ihre technische Meisterung ist die Arbeit, welche die Gegenwart für die Zukunft leistet.

Noch in anderer Weise wird durch die Entdeckung der Atomkernenergie diese Aufgabe gestellt: durch die Möglichkeit Substanzen mit sehr starker radioaktiver Strahlung herzustellen. Diese Strahlungen haben neben den bekanten, den Organismus schädigenden Wirkungen die Fähigkeit, bestimmte chemische Reaktionen zum Ablauf zu bringen und außerdem die Vererbung zu beeinflussen.

Die Schädigung von Organismen kann zur Tötung von Nahrungsmittel zerstörenden Insekten und Bakterien ausgenutzt werden, die Wirkung auf chemische Reaktionen für neuartige einfachere Fabrikationsprozesse, die kontrollierte Beeinflussung der Vererbung zur Züchtung neuer für die Ernährung wichtiger Arten.

Erwähnen wir schließlich noch die therapeutische Verwendung dieser Strahlungen in neuartigen Behandlungsarten, so wird klar, das alles zukünftige Leben der Menschheit von der technischen Meisterung der Freimachung der Atomkernenergie und ihrer humanitätsgelenkten Kontrolle abhängt. Ohne diese ist sie in jeder Form vernichtend.

Den Menschen stellt die Gegenwart die größte Humanitätsaufgabe: Die Zukunft der Menschheit sicher zu stellen. Man muß sich diese Lage immer wieder ins Gedächtnis rufen — denn fertig geworden ist mit ihr — außer dem Physiker — noch keiner: nicht der Techniker, nicht der Wirtschaftler, noch weniger Militär und Kirche, und ganz und gar nicht die Politiker.

Die Zukunft liegt in der Hand der Menschheit — auch ihre Selbstvernichtung durch den Mißbrauch des größten Geschenks, der tiefsten Einsicht in unsere Welt. Längs dieser Grenzen muß die Menschheit jetzt immer wandern, Humanität, welche sie aus Naturwissenschaft und Technik erwarb, kann einzig ihr Führer sein.

Ich darf nach den sorgenvollen Gedanken mit einer hoffnungsvollen Strophe aus dem Maskenzug schließen, die bald hinter dem Motto dieser Vortragsreihe steht:

Nun klärt sichs auf, er kehrt in seine Schranken,
Der Völker Schwall im ungemessenen Land,
Nun wirken große, größere Gedanken,
Erweitert Grenze, tätig innrer Stand.
Für Wissenschaft und Kunst und Handwerk danken
Die Völker, sonst von allem abgewandt;
Wetteifernd überträgt Bezirk Bezirken
Kraft, Stärke, Reichtum, Schönheit, edles Wirken.

Den vorstehenden Vortrag hielt Professor *Walther Gerlach*, München, am 24. Februar 1961 vor der Goethe-Gesellschaft zu Hannover.

Zusammen mit weiteren Vorträgen und Aufsätzen des Verfassers erscheint er im Frühjahr 1962 in einem Sammelband unter dem Titel

Humanität und naturwissenschaftliche Forschung

im Verlag Friedr. Vieweg & Sohn, Braunschweig

GPSR Compliance
The European Union's (EU) General Product Safety Regulation (GPSR) is a set of rules that requires consumer products to be safe and our obligations to ensure this.

If you have any concerns about our products, you can contact us on

ProductSafety@springernature.com

In case Publisher is established outside the EU, the EU authorized representative is:

Springer Nature Customer Service Center GmbH
Europaplatz 3
69115 Heidelberg, Germany

www.ingramcontent.com/pod-product-compliance
Ingram Content Group UK Ltd.
Pitfield, Milton Keynes, MK11 3LW, UK
UKHW040027200726
13854UKWH00001B/402

9783663006626